Bestimmung

Warum Marken mit Sinn den Unterschied machen

David Hieatt

Aus dem Englischen
von Anabelle Assaf

TEMPO

Für Clare, Stella und Tessa

Die Originalausgabe erschien 2014 unter dem Titel
Do Purpose im Verlag The Do Book Company, London.

*TEMPO Bücher erscheinen im
Hoffmann und Campe Verlag, Hamburg.*

1. Auflage 2018
Copyright © 2014 by The Do Book Company
Text © 2014 by David Hieatt
Für die deutschsprachige Ausgabe
Copyright © 2018
by Hoffmann und Campe Verlag, Hamburg
www.hoca.de
Copyright der Illustrationen © 2014 by Olaf Ladousse
Copyright der Photographien © 2014 by Andrew Paynter
Umschlaggestaltung: © James Victore
Satz: fuxbux, Berlin
Gesetzt aus der DIN OT und der Gazette LT
Druck und Bindung: Friedrich Pustet, Regensburg
Printed in Germany
ISBN 978-3-455-00427-4

HOFFMANN
UND CAMPE

Ein Unternehmen der
GANSKE VERLAGSGRUPPE

Inhalt

FINDE HERAUS, WAS DU LIEBST

Für mich sind die wichtigsten Marken der Welt jene, die bei dir ein Gefühl wecken. Das gelingt ihnen, weil sie etwas verändern wollen. Und als Käufer möchten wir Teil dieser Veränderung sein.

Diese Unternehmen haben etwas Menschliches, ihre Gründer eine Vision davon, wie die Welt sein könnte. Und diese Vision legen sie uns zu Füßen.

Diese Unternehmen haben einen Daseinsgrund, der weit über das reine Profitmachen hinausgeht: Sie haben eine Bestimmung.

Natürlich bewundern wir das Produkt, das sie herstellen. Aber was wir am meisten an ihnen lieben, ist der Unterschied, den sie machen.

Wir lieben Marken, die für ihre Bestimmung eintreten.

VERNÜNFTIGE LEUTE STEIGEN AUS

Ein Unternehmen zu gründen ist verdammt hart. Man muss schuften wie ein Tier, und das eine ziemlich lange Zeit. Dazu kommen ein miserables Gehalt, brutale Arbeitszeiten und endloser Stress. Jeder normale, rationale Mensch würde hinschmeißen. Und genau so läuft's. Wenn die ganze Angelegenheit zu schwierig wird – und früher oder später wird sie das immer –, steigen vernünftige Leute lieber aus.

Doch Unternehmer, die eine Bestimmung haben, sind anders. Sie lieben die Veränderung, die sie mitgestalten, so sehr, dass sie einfach einen Weg finden müssen, es hinzukriegen. Diese Liebe hält sie davon ab, aufzugeben und hinzuschmeißen. Diese Liebe lässt sie durchhalten.

Liebe verleiht ihnen die Scheuklappen, die sie brauchen, um all die Sorgen und den Stress einfach links liegen zu lassen. Und der Treibstoff für diese Liebe ist ihre Bestimmung.

KAPITEL EINS

BESTIMMUNG

ZEICHNE DREI KREISE

WAS ICH LIEBE

WAS ICH KANN

DER ZEITGEIST

AM LEBENDIGSTEN

Diese Übung dient dazu, deine persönliche Bestimmung zu finden. Male zuerst drei Kreise.

In den ersten Kreis schreibst du, was du leidenschaftlich gern tust. In den zweiten, was du
am besten kannst, und in den dritten, was den
Zeitgeist ausmacht.

An der Schnittstelle der drei Kreise bist du am
lebendigsten. An deiner Stelle würde ich ein
Unternehmen gründen, das sich ebenfalls an
dieser Schnittstelle befindet. Denn dort sind die
Chancen auf Erfolg am größten, dort ist die Wahrscheinlichkeit, echte Veränderung zu bewirken,
am größten. Und auch die Wahrscheinlichkeit,
dass das Ganze eine Menge Spaß machen wird.

Was ich liebe: Ist es dir wichtig? Hast du dich
schon als Kind dafür interessiert?

Was ich kann: Worin bist du besonders gut?
Und kannst du deine Fähigkeiten in diesem
Start-up voll und ganz einbringen?

Der Zeitgeist*: Welche Vision hattest du vor
allen anderen?

---

*   Ein Trend ist besonders angesagt, aber er vergeht auch wieder.
    Mit dem Zeitgeist verändert sich etwas für immer.

ZWEI ARTEN VON LEIDEN- SCHAFT

ES IST WICHTIG, SIE AUSEINANDER- HALTEN ZU KÖNNEN

Ich glaube, es ist wichtig zu verstehen, was Leidenschaft eigentlich ist. Denn Unternehmen mit einer
Bestimmung werden immer auch mit Leidenschaft
gegründet.

Ich unterscheide zwischen zwei Arten von Leidenschaft. Die eine ist glühend. Sie kommt aus dem
Herzen; der Kopf wird dabei nicht weiter bemüht.
Und das bedeutet, dass die Dinge manchmal schief-
gehen. Glühende Leidenschaft ist ein bisschen wie
Verliebtsein – am Anfang brennt sie lichterloh, doch
sie erlischt auch genauso schnell wieder.

Kalte Leidenschaft hingegen ist ruhig, bedacht und
lang anhaltend. Hirn und Herz arbeiten Hand in
Hand. Emotionen werden aus den Entscheidungs-
prozessen herausgehalten. Und Entscheidungen
werden zunächst einmal genau abgewogen, nicht
überstürzt getroffen. Kalte Leidenschaft ist wesentlich effektiver, wenn es darum geht, Resultate zu erzielen. Sie ist wie eine lebenslange Liebesbeziehung.
Wenn man sich einmal dazu entschlossen hat, ist
es so gut wie unmöglich, sich wieder zu entlieben.

Es ist wichtig, sich dieses Unterschieds bewusst zu
sein. Um erfolgreich zu sein, wirst du die Kunst der
kalten Leidenschaft erlernen müssen. Du wirst Kopf
und Herz gleichermaßen in die Entscheidungen, die
du triffst, miteinbeziehen müssen. Emotionen aus
etwas herauszuhalten, für das du leidenschaftlich
brennst, ist nicht einfach. Aber einfach erreicht man
auch selten Großartiges.

DEFINIERE DIE VERÄNDERUNG, DIE DU' BEWIRKEN WIRST

UMFASSENDE VERANTWORTUNG

»Was wir nehmen, wie und was wir daraus machen, was wir verbrauchen, ist im Grunde eine ethische Frage. Wir tragen eine unbegrenzte, umfassende Verantwortung. Eine Verantwortung, die wir versuchen anzunehmen, der wir aber nicht immer gerecht werden. Einen Teil dieser Verantwortung macht die Qualität der Produkte aus und wie viele Jahre dieses Produkt verwendbar ist. Qualitativ hochwertigere Produkte herzustellen, ist ein Weg, dem Kunden, und damit dem Nutzer unseres Produkts, Respekt zu zollen und ihm gegenüber verantwortlich zu handeln. Ein qualitativ hochwertiges Produkt wird in den Händen derer, die gelernt haben, damit umzugehen und es pfleglich zu behandeln, länger verwendbar sein. Was gut ist für seinen Besitzer, den Nutzer. Doch dies alles hat auch in einem größeren Zusammenhang positive Auswirkungen: Eine erhöhte Langlebigkeit bedeutet, dass wir weniger nehmen (ein reduzierter Verbrauch von Materialien und Energie), dass wir weniger produzieren müssen (was uns mehr Zeit gibt, andere Dinge zu tun, die wir für wichtig und angenehm halten), und dass wir weniger zerstören (weniger Abfälle).«

Dies ist die erste Seite aus dem Benutzerhandbuch eines Axtherstellers namens Gränsfors. Dort wissen sie genau, wofür ihr Unternehmen steht: Äxte zu produzieren, die lange halten. Sie möchten eine Gesellschaft verändern, die denkt, es sei in Ordnung, Dinge wegzuschmeißen.

Der Auszug wurde mit freundlicher Genehmigung von Daniel Brånby, dem Inhaber von Gränsfors Bruk, abgedruckt.

Es muss sich dabei nicht unbedingt um ein Kon-
kurrenzunternehmen handeln. Vielleicht brauchst
du sogar einen größeren Feind als lediglich eine
andere Marke. Beispielsweise ein schlechtes
Design oder auch Zeit. Umweltverschmutzung
oder Hässlichkeit. Schlechten Service, eine Müll-
deponie oder Komplexität.

Dein Feind wird dein Antrieb sein, also wähle ihn
mit Bedacht. So findest du deine Bestimmung,
deinen Kraftstoff, wenn du erschöpft bist, deinen
Grund weiterzuarbeiten, wenn die anderen nach
Hause gehen. Dein Feind wird ultimativ zum
Argument dafür, dass deine Kunden dich anderen
vorziehen. Dies ist deine Bestimmung, die Sache,
die dich aus der Masse herausstechen lässt.

Die Unternehmen, die du heute bewunderst, sind
auch nicht mit mehr Kapital gestartet als andere,
sie hatten einfach nur mehr Energie*. Ihre Energie
rührte daher, wie sehr sie etwas verändern wollten.
Sie wussten von Tag eins an genau, wer ihr Feind
war.

Also, wer oder was ist dein Feind?

---

*   Bestimmung ist ein Energiemultiplikator.

DEFINIERE DEINEN FEIND

DIE KONKURRENZ HAT VON ALLEM MEHR ALS DU

Mehr Mitarbeiter, mehr Geschichte, mehr Vertriebswege. Mehr Patente, mehr Verkäufe, mehr Infrastruktur. Mehr Kontakte, mehr Marketing, mehr Geld. (Und davon können sie noch viel mehr auftreiben.)

Mehr Follower auf Instagram, Facebook, Twitter, Pinterest, Medium und Google Plus als du. Sie investiert mehr Geld in Forschung und Entwicklung als dein Unternehmen insgesamt umsetzt. Ihr Kaffee-Budget ist größer als dein Marketing-Budget. Ihr gehen nie die Heftklammern aus, sie hat immer genug Kopierpapier, ihr CEO muss neben dem Führen der Firma nicht auch noch den Müll rausbringen.

Wer wäre schon so verrückt, es mit Goliath aufzunehmen?

DIE KONKURRENZ HAT VON ALLEM MEHR ALS DU

Mehr Meetings, mehr Gremien, mehr Bürokratie.
Mehr Politik, mehr interne Kämpfe, mehr Regeln.
Mehr Vorschriften. Und mehr Ideen als du, die von der
Marktforschungsabteilung im Keim erstickt werden.

Veraltete Geschäftsmodelle. Mehr demotivierte
Mitarbeiter als du. Mehr Leute, die sich fragen,
»Worum geht's diesem Unternehmen?«.

Und dann ist da noch ihre Rechtsabteilung: Der
Friedhof des Humors und sämtlicher Dinge, die auch
nur im entferntesten interessant oder innovativ sein
könnten. Wen interessiert's, dass sie immer genug
Heftklammern und Kopierpapier hat? Es hat nie einen
besseren Zeitpunkt gegeben, ein kleines Unternehmen zu sein. Kümmere dich nicht darum, was die
anderen haben. Denn du hast alles. Du hast etwas,
was du verändern willst.

Marke A

Sie haben Kunden, ihnen gehört die Vergangenheit, sie haben ein altes Geschäftsmodell. Sie sind eine Ware. Sie müssen billiger sein. Sie sind der Status quo. Während einer Rezession wechseln ihre Kunden zum günstigsten Anbieter. Sie haben sich sehr wenig verändert und können sich nicht mehr erinnern, warum sie mal angefangen haben.

Marke Bestimmung

Sie haben Fans, ihnen gehört die Zukunft, sie
haben ein neues Geschäftsmodell. Sie sind etwas
Besonderes. Sie können einen Aufschlag berechnen.
Sie werden respektiert, ihre Fans lieben sie und
sind auf sie stolz. Während einer Rezession bleiben
ihre Fans ihnen treu. Sie verändern, was sie sich
vorgenommen haben.

DER WEG ZU FÜHRT IMMER PASSABEL.

WUNDERBAR ÜBER GANZ

BILL WITHERS

FRAG DEINE VORBILDER

AUCH SIE BESITZEN EIN TELEFON

Und einen Briefkasten. Und eine E-Mail-Adresse.
Setz dich einfach mit ihnen in Verbindung und
bitte sie, dein Mentor zu sein. Und vergiss nicht,
auch sie haben mal jemanden um Hilfe gebeten.
Wenn du ihnen erzählst, was du verändern willst
und es ihnen ebenfalls etwas bedeutet, ist die
Wahrscheinlichkeit groß, dass sie dich unter-
stützen werden.

Lies ihre Bücher, hör dir ihre Vorträge an, lies
ihre Blogs. Sie haben es geschafft, aus der Sache,
die sie lieben, ein Unternehmen zu machen.
Du kannst viel von ihnen lernen. Saug alles auf.

Kevin Spacey hat bereits während seines Studiums
Unterstützung von Jack Lemmon bekommen, mit
dem er gemeinsam auftrat. Der Schauspieler hat
ihm versichert, dass er eines Tages zu den Großen
zählen würde. Als Lemmon gefragt wurde, warum
er in kleinen Theatern auftrete, antwortete er,
es sei seine Pflicht, den Aufzug wieder runterzu-
schicken und anderen zu helfen.

Ein toller Mentor kann dir wirklich helfen.
Setz dir hohe Ziele!

DIE DREI LICHSTEN HEROIN UND EIN EINKOMMEN.

GEFÄHRSÜCHTE SIND KOHLENHYDRATE REGELMÄSSIGES

FRED WILSON

SCHREIB DEINEN BUSINESS-PLAN AUF EINE FUSS-MATTE

Gibt man eine Fußmatte in Auftrag, werden die Kosten für den Schriftzug per Wort berechnet. Dieser finanzielle Faktor lässt dich lang und angestrengt darüber nachdenken, was genau du draufschreiben möchtest. Außerdem ist natürlich auch der Platz beschränkt.

Also musst du dich auf die kleinstmögliche Anzah. von Worten festlegen. Der Schriftzug muss so simpel sein, dass er auf eine Fußmatte passt.

Wenn du in der Lage bist, bei deinem Business-plan dieselbe Disziplin an den Tag zu legen wie beim Beschriften einer Fußmatte, kannst du die Wahrscheinlichkeit, dass eine Menge Kunden darüberlaufen, erheblich steigern. Warum? Weil dir nichts anderes übrig bleibt, als ihn simpel zu halten und klar zu formulieren. Und simpel und klar sind immer gut fürs Geschäft.

Frag dich also, wofür du stehen willst, und be-schreibe es mit so wenigen Worten wie möglich: Kickstarter: *Die Finanzierung von Ideen verändern.* Patagonia: *Höhere Qualität. Weniger Belastung.* Google: *Schnelleres, treffsicheres Suchen.*

Je weniger du für die Fußmatte ausgeben musst, desto gründlicher hast du darüber nachgedacht.

DIE BESTEN GESCHÄFTS-MODELLE SIND VOR-BILDER

Sieh dir an, wie sehr Y Combinator die Start-up-Szene verändern konnte. Wie es Kickstarter gelungen ist, die Förderung kreativer Ideen zu revolutionieren. Wie DriveNow den privaten Besitz von Kraftfahrzeugen verändert hat. Sieh dir an, wie Viva con Agua sich für den weltweiten Zugang zu sauberem Trinkwasser und Sanitärversorgung einsetzt.

Diese Firmen werden zu Vorbildern für zukünftige Unternehmen. Ihr wahrer Einfluss zeigt sich in den Firmen, die nach ihrem Vorbild gegründet werden. Ihr Unternehmen und ihre Herangehensweise werden viele weitere Gründungen inspirieren. Sie haben einen neuen Weg aufgezeigt, der erfolgreich war. Und die Menschen lassen sich von Erfolg leiten.

Ihre Geschäftsmodelle werden studiert und zweifellos auch in anderen Branchen imitiert. Ihre Bücher werden gekauft, ihre Meinungen gehört. Sie sind einflussreich geworden, wichtig und inspirierend.

Das können nicht viele Firmen von sich behaupten.

WAS ZÄHLT, IST SCHNELLIGKEIT

DIE DIGITALE WELT

In unserer hochgradig technisierten Welt können in kürzester Zeit großartige neue Unternehmen entstehen. Sie wachsen enorm, sie wachsen schnell, sie kommen mit geringen Geldmitteln aus. Sie benötigen keine riesige Infrastruktur. Sie funktionieren am besten mit einem kleinen Team. Sie sind Pioniere; was sie tun, hat niemand zuvor getan. Es gibt keine vorgefertigte Anleitung. Sie bauen etwas auf, und zwar schnell, damit kein Konkurrent vor ihnen launchen kann. Der Programmierer, der die Höhere Programmiersprache beherrscht, ist König. Schnelligkeit zählt in dieser Welt. Wie rasch du Fehler beheben kannst, zählt. Wie schnell du ein neues Feature anbieten kannst, zählt. Geduld ist hier keine Tugend. Also: Achtung, fertig, los!

WAS ZÄHLT, IST GEDULD

DIE ANALOGE WELT

Nimm zum Beispiel eine Eiche: Es dauert 50 Jahre, bevor eine einzige Eichel daran wächst. Wer würde in so etwas investieren? Dasselbe gilt für Schriftsteller, Künstler, Musiker, Sportler oder irgendeine andere Person aus einem vergleichbaren Bereich – sie alle haben ein Jahrzehnt oder länger dafür gebraucht, um in dem, was sie tun, richtig gut zu werden. Während dieser Jahre war das Lernen wichtiger als der Profit. Während dieser Jahre war Geduld wichtiger als mögliche Abkürzungen. Wir leben in einer sehr schnellen Welt, in der ein einziger Klick vieles bewirken kann. Innerhalb von Sekunden haben wir am Morgen den ersten Bildschirm vor Augen. Unsere Aufmerksamkeitsspanne nimmt mit jeder Generation ab. Doch um ein erfolgreiches analoges Unternehmen zu gründen, bedarf es Zeit.

REGEL
NUMMER 1
MACH EIN
GROSSARTIGES
PRODUKT

REGEL
NUMMER 2
DENK IMMER
AN REGEL
NUMMER 1*

* GUTE PRINZIPIEN
BRINGEN GAR NICHTS,
WENN DAS PRODUKT
SCHLECHT IST

SCHAFFE ETWAS, WAS DU NIEMALS VER-KAUFEN WÜRDEST

Zach Klein hat bei den Do Lectures in Wales einen Vortrag gehalten. Er erzählte davon, wie er Vimeo aus dem Nichts erschaffen hat. Von dem Spaß, den sie dabei hatten. Von dem Team, das sie gebildet haben. Der großen Fangemeinde, die allmählich entstand. Und dann, eines Tages, haben sie verkauft.

Auf diese Ausstiegsstrategie ist jedes Start-up angelegt. Und trotzdem hat Zach Vimeo nach dessen Verkauf vermisst. Die letzte Folie seines Vortrags fasste die Erfahrungen zusammen, die er bei seinen Abenteuern gemacht hat: Schaffe etwas, was du niemals verkaufen würdest.

Als Unternehmensgründer wirst du früher oder später mit diesem Dilemma konfrontiert sein. Hier also ein paar Fragen, die du dir stellen solltest, bevor du verkaufst: Liebst du noch, was du tust? Macht es immer noch Spaß? Und ist der Job erst zur Hälfte erledigt? Wenn die Antwort auf diese drei Fragen »Ja« lautet, wäre mein Ratschlag, nicht aufzuhören.

Jeden Tag erhältst du von der »Zeitbank«
86 400 Sekunden. Jeder erhält dasselbe. Es gibt
keine Ausnahmen. Wenn du deine Zeit abgehoben
hast, kannst du damit machen, was du willst.

Die »Zeitbank« wird dir nicht sagen, was du mit
ihr anfangen sollst. Zeit, die du unbedacht ver-
schwendest, wird nicht erstattet, und umtauschen
kannst du sie auch nicht.

Zeit ist dein größtes Geschenk. Sie ist sogar wert-
voller als Geld, denn Geld lässt sich immer ver-
mehren, Zeit nicht. Es gibt eine schlichte Wahrheit:
Deine Zeit ist begrenzt. Und eines Tages gehst du
zur Bank und erhältst keine mehr. Und in genau
dem Moment wirst du die Antwort auf diese simple
Frage kennen: Habe ich meine Zeit sinnvoll ge-
nutzt?

Habe ich gemacht, was mir am wichtigsten war?
Habe ich das gefunden, was ich liebe? Und habe
ich, wie ein wilder hungriger Wolf, alles daran-
gesetzt, es zu bekommen?

ERSTENS

DEINE ZEIT IST BEGRENZT, VERGISS DAS NICHT

Ablenkung ist dein Feind. Zum Glück wird jedes elektronische Gerät, das du besitzt, mit einem Knopf zum Ausschalten geliefert. Denk dran, deine Zeit ist begrenzt. Aber deine Fähigkeit, dich ablenken zu lassen, ist grenzenlos. Wenn du etwas erreichen willst, musst du dich darauf konzentrieren. Und Konzentration funktioniert nur, wenn du die geschäftige Welt da draußen ausblendest.

Ich bin nicht besonders gut im Umgang mit E-Mails. Aber ich bin gut darin, Dinge zu erledigen. Ich sehe E-Mails als Ablenkung. Und Dinge zu erledigen ist für mich wichtiger als ein leerer Posteingang. Ich habe mir sämtliche Apps besorgt, die bei der Bearbeitung von Mails helfen sollen. Aber es hat nichts gebracht. Es liegt nicht an ihnen, es liegt an mir.

Das Internet ist eine brillante Erfindung, aber es ist auch eine super effiziente Art, deine Zeit zu verschwenden. Das Internet kann als Ablenkungsmanöver extrem süchtig machen, und, wenn wir es zulassen, uns davon abhalten, Dinge zu schaffen.

Drück einfach auf den Ausknopf.
Du hast was zu erledigen.

ZWEITENS

SCHALTE DAS INTER- NET AUS

Bevor ein Flugzeug abhebt, erreicht es an einem bestimmten Punkt auf der Startbahn die sogenannte Entscheidungsgeschwindigkeit oder auch V1. Wenn es erst einmal bei V1 ist, gibt es kein Zurück mehr. Das Flugzeug muss abheben. Oder es crasht. Die V1-Geschwindigkeit hängt bei jedem Flugzeug von dessen Gewicht ab, aber auch von der Windgeschwindigkeit, den Wetterverhältnissen, der Steigung oder dem Gefälle, der Länge der Startbahn und so weiter. Obwohl also auf keiner Startbahn eine sichtbare Linie gezogen wurde, existiert sie.

Wenn es aber darum geht, ein Unternehmen zu gründen, gibt es keine Formel, um den richtigen Zeitpunkt zu berechnen. Keine Markierung auf der Startbahn.

Was passiert also? Wir zögern. Wir stellen uns selbst Hindernisse in den Weg, um zu rechtfertigen, dass wir immer noch nicht loslegen. »Der Wirtschaft geht's grad schlecht.« »Ich muss noch eine riesige Hypothek abbezahlen.« »Ich brauche mehr Erfahrung.« Doch da du derjenige bist, der diese Hindernisse aufgestellt hat, kannst auch nur du allein sie niederreißen.

Es gibt nie einen perfekten Zeitpunkt, um loszulegen. Akzeptier's einfach. Und fang jetzt an.

DRITTENS

LEG LOS, BEVOR DU BEREIT BIST

Sie fangen gar nicht erst an. Die Startlinie ist verdammt Furcht einflößend. Übertrittst du sie, gibst du dich den Meinungen und Bewertungen anderer preis. Übertrittst du sie, kannst du scheitern. Übertrittst du sie, kannst du dich nicht mehr hinter Hypothetischem verstecken, hinter dem, was möglicherweise passieren könnte.

Die meisten Leute reden darüber, dass sie eines Tages etwas anfangen wollen. Doch dieser eine Tag kommt am Ende nie. Sie schaffen es niemals über die Startlinie. Ihre Ideen sind vermutlich sogar gut genug, um erfolgreich zu sein. Doch sie glauben nicht daran.

Das Patentamt hat nicht die besten Ideen auf Lager. Sie befinden sich irgendwo in deinem Kopf und warten nur darauf, dass du ausreichend an sie glaubst, um loszulegen.

Wenn du diese Linie erst einmal überschritten hast, gehörst du zum Club der 1 %. Jenen wenigen Menschen, die Ideen in echte Dinge verwandeln. Boom.

VIERTENS

99% ALLER UNTERNEHMEN SCHEITERN AUS GENAU EINEM GRUND

Wenn du eine Woche Zeit hast, um etwas zu erledigen, dann brauchst du auch eine Woche. Und wenn du zwei Wochen hast, brauchst du zwei Wochen. Ob das Ergebnis doppelt so gut ist, wenn dir zwei Wochen zur Verfügung standen? Ich bezweifle es. Die erste Woche wirst du damit verbracht haben, Bleistifte anzuspitzen und das Büro aufzuräumen. (Du weißt ganz genau, dass das stimmt.) In der zweiten Woche heißt es dann: »Hey, wir müssen reinhauen.« Wenn man es genau nimmt, hast du dem Projekt also in beiden Fällen eine Woche deiner Zeit gewidmet.

Ich glaube nicht, dass es beim Ergebnis einen auffälligen Unterschied zwischen den beiden gibt. Abgesehen von der Zeit, die du gebraucht hast, um zu ihm zu gelangen.

Deadlines beherrschen uns. So bekommen wir Dinge erledigt. Deadlines sollten allerdings nicht leicht einzuhalten sein. Wenn du unglaubliche Dinge in kürzester Zeit erreichen willst, setz dir selbst harte, kaum einzuhaltende Deadlines.

Und denk dran: Guter Kaffee hilft.

FÜNFTENS

SELBST-AUFERLEGTE UNMÖGLICH EINZU-HALTENDE IRRSINNS-DEADLINES SIND MEISTENS HILFREICH

Wir alle wollen so viel schaffen wie möglich.
Doch vielleicht gehen wir falsch an die Sache ran.

Bei einem Experiment in den vierziger Jahren
wurden Männer beobachtet, die für die *Bethlehem
Steel Company* Roheisen auf Frachtwaggons ver-
luden. Die Männer legten keine Pause ein, bevor
nicht jeder von ihnen 12 ½ Tonnen geschafft hatte.
Gegen Mittag waren sie völlig erschöpft und
konnten nicht mehr weitermachen.

Am nächsten Tag wurde ihnen aufgetragen,
das Roheisen nur 26 Minuten lang zu verladen
und dann eine 34-minütige Pause einzulegen.
Sie ruhten sich länger aus, als sie arbeiteten.
Am Ende des Tages hatte jeder einzelne von ihnen
47 Tonnen verladen. Fast viermal so viel wie am
Vortag, als sie durchgearbeitet hatten.

Es fühlt sich intuitiv falsch an, doch ein kurzer
Sprint gefolgt von einer längeren Pause liefert
bessere Ergebnisse als jahrelang durchzuschuften.

Ja, die Goldmedaille geht beim Arbeiten nicht
an den, der länger arbeitet als alle anderen,
sondern an denjenigen, der schlauer arbeitet
als alle anderen.

SECHSTENS

DU WILLST NOCH MEHR SCHAFFEN? RUH DICH AUS

DIE
80/20-
REGEL

Das Pareto-Prinzip wurde nach dem italienischen Ökonom Vilfredo Pareto benannt. Auch bekannt als 80/20-Regel, über die der britische Autor Richard Koch in seinem brillanten Buch geschrieben hat.

Der Gedanke ist folgender: Wenn du ein Unternehmen leitest, erzielst du 80 % des Umsatzes mit 20 % deiner Kunden. Als kreativer Mensch erhältst du 80 % deiner Preise, Anerkennungen oder deines Einkommens für 20 % deiner Leistungen.

Wie kann dir dieses Prinzip dabei helfen, deine Zeit einzuteilen? Fang bei deinem Tag an. Womit verbringst du die meiste Zeit?

Wahrscheinlich lautet die Antwort, dass du die meiste Zeit mit Dingen beschäftigt bist, in denen du nicht besonders gut bist. Zu viele Meetings, zu viel Administratives, zu viel Politik. Das sogenannte Oterap-Prinzip (Pareto rückwärts).

Du verbringst 80 % deiner Zeit mit den Dingen, die du am wenigsten kannst. Und mit denen du am wenigsten einen Unterschied machen kannst. Du brauchst keinen Tag, der mehr als 24 Stunden hat. Du brauchst auch keine Überstunden oder am Wochenende zu arbeiten. Du musst einfach nur mehr Zeit damit verbringen, worin du brillant bist. Und weniger mit dem ganzen anderen Kram. Vielleicht gibt es da draußen andere, die dir dabei helfen können.

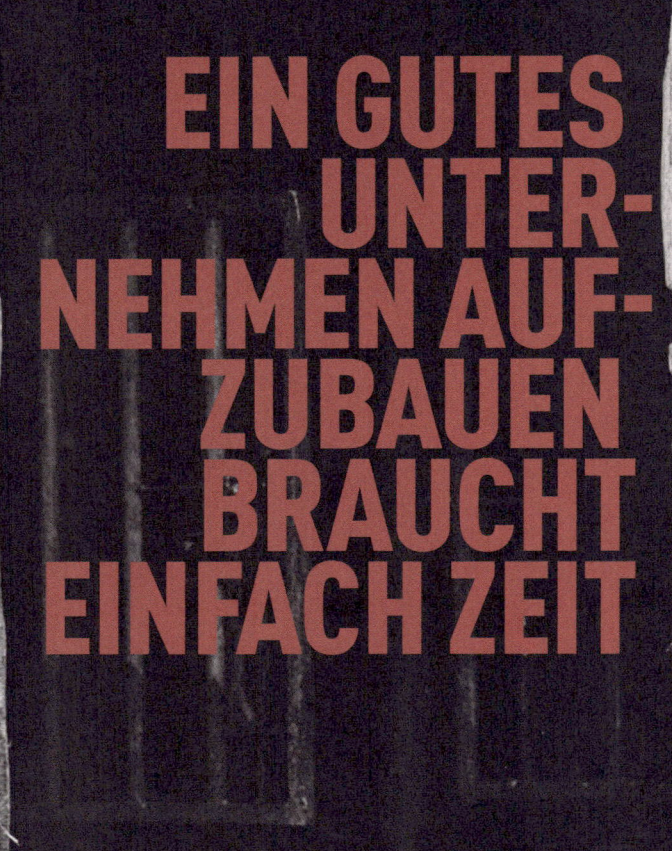

EIN GUTES UNTER-
NEHMEN AUF-
ZUBAUEN
BRAUCHT
EINFACH ZEIT

KAPITEL DREI

IDEEN

Wie wir lernen.

Wie wir kommunizieren.

Was wir essen.

Wie wir spielen.

Wie wir trainieren.

Wo wir leben.

Wie wir reisen.

Unser Verhalten.

Unsere Regierungen.

Unsere Unternehmen.

Die Musik,
die wir hören.

Wie wir uns entspannen.

Wie wir wach bleiben.

Der Status quo.

Die scheinbare Weisheit.

»Hier werden die Dinge
so gemacht.«

IDEEN
VERÄNDERN
ALLES

MANCHE IDEEN KOMMEN HÄSSLICH AUF DIE WELT

Großartige Ideen haben oft keinerlei Anhaltspunkte. Wir können sie mit nichts vergleichen.
Sie sind originell und seltsam. Also sind sie auch
besonders angreifbar, wenn sie jemand verhindern
will. Sie entsprechen nichts, was es schon gibt,
also fordern sie uns heraus.

Um die Idee also am Leben zu erhalten, musst
du auf dein Bauchgefühl hören, und das lässt sich
nur sehr schwer verkaufen. Du musst an deine
Idee glauben, wenn es niemand sonst tut. Als Vater
oder Mutter musst du das hässliche Entlein lieben,
bis es zum schönen Schwan wird.

Außerdem bewerten wir Ideen vorschnell.
Oft lässt sich zu Beginn nicht sagen, welche gut
sind, welche schlecht, welche hässlich. Lerne,
nicht zu schnell zu urteilen. Diese dämliche Idee
könnte die richtige sein. Wenn du konventionell
denkst, könntest du das hässliche Entlein voreilig
aufgeben.

Phantastische Ideen kosten auch nicht mehr als miese. Das ist doch schon mal was. Und falls du umgehen willst, dass die Unternehmensführung in Stress ausartet, brauchst du eine phantastische Idee.

Ideen ist es egal, wer du bist und wo du bist, sie interessieren sich nicht dafür, wer das meiste Geld oder das breiteste Lächeln hat. Sie kommen dir in der Badewanne, unter der Dusche, beim Laufen, wenn du am wenigsten damit rechnest und wenn du sie am dringendsten brauchst. Aber du hast sie. Wenn du nur aufmerksam genug bist. Und diese Fähigkeit musst du lernen. Immer genau hinzuhören.

Eine phantastische Idee bringt dir mehr Publicity, mehr Energie und am Ende auch mehr Umsatz. Jake Burton hat so einen komplett neuen Sport erfunden: das Snowboarden. Und er hatte kaum Budget. Nur eine phantastische Idee. Einen ganz neuen Sport.

KLEINE BUDGETS BRAUCHEN MUTIGE IDEEN

SEI AUSSER-GEWÖHNLICH

(NIEMAND ERINNERT SICH SPÄTER AN DURCHSCHNITTLICH)

Wie willst du aus der Masse herausstechen, wenn die ganze Welt Mittelmäßigkeit honoriert? Am besten spielst du einfach nicht nach ihren Regeln.

Es gibt einen Film namens *Mystery Train* von Jim Jarmusch. Darin macht ein jugendliches Paar Elvis-Fans eine Tour durch das *Graceland*-Anwesen. Sie sind so baff, dass der Junge, der die gesamte Zeit eine Kamera um den Hals hängen hat, kein einziges Foto schießt.

Als die beiden in ihr armseliges Hotelzimmer zurückkehren, fängt der Junge an, sämtliche Lampenschirme zu fotografieren, die billigen Möbel, die schäbige Tapete. Seine Freundin fragt ihn etwas überrascht, warum er plötzlich all diese dämlichen Sachen fotografiere, nachdem er den ganzen Tag kein einziges Bild geschossen habe.

Er antwortet, dass er nie vergessen werde, was er auf dem *Graceland*-Anwesen gesehen habe, aber an all diesen banalen Kram würde er sich bald nicht mehr erinnern, da nichts davon außergewöhnlich sei. Und deshalb schieße er davon Fotos.

IDEEN SIND WIE KLETTVERSCHLUSS

Klettverschluss funktioniert folgendermaßen:
Auf der einen Seite gibt es eine Reihe Haken, die
wahllos in alle möglichen Richtungen abstehen.
Auf der anderen Seite gibt es eine Reihe Schlaufen,
die wahllos in alle möglichen Richtungen abstehen.
Wenn ein Haken auf eine Schlaufe trifft, verbinden
sie sich. Als gingen sie ein Geschäft ein.

Klettverschluss funktioniert aufgrund der Beliebigkeit von Haken und Schlaufen, aber die brauchen
wir genauso, wenn wir interessant sein wollen.
Wir benötigen haufenweise willkürliche Haken und
Schlaufen. Wenn wir dieselben alten Bücher lesen,
lernen wir nur noch mehr über etwas, was wir
schon in- und auswendig kennen. Aber wir müssen
Magazine abonnieren, die wir normalerweise nicht
lesen würden; wir müssen uns an Orte begeben,
die wir normalerweise nicht aufsuchen würden,
in Restaurants essen, die wir normalerweise nicht
betreten würden, weil sie nicht unser Ding sind.

Wir bleiben interessant, indem wir unsere gewohnte Spur verlassen. Wir kommen voran, indem wir Altbekanntes eine Weile hinter uns lassen.

Wenn es darum geht, Ideen zu haben, ist das ziemlich wichtig. Stell dir vor: Wenn deine Orientierungspunkte anders sind als die aller anderen, sind es deine Ideen auch. Um anders zu denken, musst du anderes tun, anders lesen, anders reisen, anders essen usw.

Ohne die vielen verschiedenen Richtungen könnte der Klettverschluss keine Verbindungen eingehen. Wenn wir innovative Ideen haben wollen, sollten wir ebenso viele einschlagen.

Inspiriert von Russell Davies'
Do Course *How to be interesting*.

SCHALTE DEINEN RADAR EIN

Wie gelingt es dir, eine Nische zu erkennen, bevor es andere tun? Ich glaube, dass es Teil deines Jobs als Unternehmer, als Erschaffer einer Marke ist, immer deinen Radar anzuhaben. Wenn du siehst, wie jemand etwas Sonderbares macht, dann ist es deine Aufgabe zu fragen: »Was bedeutet das?« Der Unterschied zwischen dir und anderen Leuten ist, dass dein Gehirn anders denken muss. Du musst es einschalten. Permanent. Es muss neue Verhaltensweisen entdecken, neue Muster, neue, noch nicht befriedigte Bedürfnisse.

Deine Augen und Ohren werden dir die meisten Antworten liefern, die du brauchst. Du musst einfach nur aufmerksam sein und es mitbekommen, wenn sie dir die Antwort geben. Dafür muss dein Gehirn eingeschaltet sein. Um einen Stern zu entdecken, musst du in den Himmel schauen, nicht auf den Boden.

Wenn du also eine Nische ausmachen willst, musst du immer die Augen aufhalten. Sieh den Leuten dabei zu, wie sie Dinge benutzen. Studiere sie. Höre ihnen zu, wenn sie sagen »Ich wünschte, jemand würde ...«.

MANCHE IDEEN LIEGEN DIREKT VOR DEINER NASE

Dietrich Mateschitz war im Urlaub in Thailand, als ihm auffiel, dass unzählige Leute einen lokalen Drink namens *Krating Daeng* tranken. Er hörte nicht mehr auf, sich zu fragen, was das bedeutete. Sein Radar war an. Er hat Red Bull nicht erfunden. Er hat einfach nur mit etwas, was er im Urlaub gesehen hat, eine völlig neue Kategorie erschaffen.

James Dyson war sicher nicht der einzige Mensch, der an einem Sägewerk vorbeigegangen ist und den Lufttrichter bemerkte. Mit der richtigen Frage hätte jeder diese Antwort finden können. Nur hat sie niemand sonst gestellt. Dyson war der Einzige, der Staubsauger entwarf, die sich dieser Technologie bedienen würden. Ja, er hat fünf Jahre und über 5000 Prototypen gebraucht und er hat die Idee nicht erfunden. Aber er hat sich die Idee bei einem anderen Industriezweig abgeschaut und sie auf Staubsauger angewandt. Er hat die Sache zum Laufen gebracht.

Häufig hast du die Ideen direkt vor der Nase, und sie warten nur darauf, dass du sie nimmst und in eine andere Branche oder ein anderes Land importierst.

DIE FORMEL FÜR VERÄNDERUNG

D×V×F>R

Es gibt vielleicht keine Formel für Ideen, aber es gibt eine für Veränderung. Erfunden haben sie Richard Beckhard und David Gleicher. Die Formel bietet ein Modell, mit dem sich die relativen Kräfte bewerten lassen, die den voraussichtlichen Erfolg eines Projekts beeinflussen.

Drei Faktoren müssen gegeben sein, damit eine bedeutende organisatorische Veränderung eintreten kann. Diese Faktoren sind:

D = *Dissatisfaction*, die Unzufriedenheit
V = die *Vision* dessen, was möglich ist, und
F = erste konkrete Schritte, *first steps*,
    in Richtung der Verwirklichung dieser Vision.

Wenn das Produkt dieser drei Faktoren größer ist als R = *Resistance*, also der Widerstand, dann ist Veränderung möglich.

Da *D*, *V* und *F* multipliziert werden, wird das Produkt, sobald einer der Faktoren nicht vorhanden oder nur niedrig ist, ebenfalls niedrig ausfallen und somit nicht in der Lage sein, den Widerstand zu überwinden.

Man kann es sich ganz leicht bequem machen, da, wo man ist. Man kann ganz einfach dasselbe machen wie im letzten Jahr. Es hat doch schließlich funktioniert.

Es ist viel schwieriger, alles ständig infrage zu stellen. Jeden Tag wieder auf Los zu gehen und mit einem weißen Blatt Papier von vorne zu beginnen.

Es gibt einen Unterschied zwischen Firmen, die immerzu nach neuen Wegen in die Zukunft suchen, und solchen, die ihre Pfade lieber wiederholen.

Jene, die immer dasselbe machen, haben ein einfaches Leben, bis sie eines Tages aufwachen und feststellen, dass ihr Geschäft nicht mehr existiert. Dann ist das Leben plötzlich ganz hart.

Jene, die immer weiterarbeiten, um voranzukommen, haben nie ein einfaches Leben. Sie können nie einfach mal im Leerlauf den Berg hinunterrollen. Sie strampeln immer wie verrückt, denn nur so können sie später die Steigungen bewältigen. Mit dieser Einstellung wacht man aber auch nie auf und muss feststellen, dass das Geschäft futsch ist.

Gleich morgen muss der gute Ruf von Neuem verdient werden.

FAHR NICHT IM LEERLAUF

BRACHLAND

IDEEN BRAUCHEN INPUT

SICH NICHT RICHTIG REIN-ZUHÄNGEN IST FAST SO SCHLIMM, WIE GAR NICHT ERST ANZUFANGEN

Ideen brauchen jemanden, der sie auch umsetzt.
Ideen brauchen Macher, keine Redenschwinger.
Ideen brauchen jemanden, der uneingeschränkt
an sie glaubt. Bevor du also über die Linie gehst,
sei dir sicher, dass du zu 100 % hinter deiner Idee
stehst. Unternehmen können aus vielen Gründen
scheitern.

Vielleicht glauben die Gründer selbst nicht gänz-
lich an die Idee, oder einer der Partner verliert
seine oder ihre Nerven, wenn sie das erste Mal
auf die Probe gestellt werden.

Mangelnder Glaube kann viel mehr Schaden
anrichten als mangelnde Geldmittel.

Um es mit einer Sportmetapher zu sagen:
Das Äquivalent wäre ein halbherziger Zweikampf.
Und wenn man sich beim Zweikampf zurückhält,
ist die Gefahr einer Verletzung wesentlich höher.

Sportler, die sich für das nächste Spiel oder ein
wichtiges Turnier zu schonen versuchen, verletzen
sich häufig, weil sie sich zurückgehalten haben.
Zurückhaltung endet meist in Tränen.

Genauso musst du dich in Ideen reinhängen.
Du musst dein gesamtes Geld investieren, deine
gesamte Zeit, deine gesamte Energie, deine gesamte Leidenschaft, deinen gesamten Glauben.
Wenn du nur halbherzig bei der Sache bist, dann
lass es lieber ganz bleiben.

CHARLES
BUKOWSKI

WENN DU'S VERSUCHEN WILLST, GEH BIS ZUM ENDE. ODER FANG GAR NICHT ERST AN.

1   Ist die Idee gut?
2   Ist sie neu?
3   Ist sie anpassbar?
4   Wird sie die Leute interessieren?
5   Welche Veränderung wird sie mit sich bringen?
6   Lohnt es sich, in sie zu investieren?
7   Ist sie dir wichtig?
8   Ist sie deinen Kunden wichtig?
9   Wie kannst du das wissen?
10 Wie groß ist die Veränderung,
    die sie bewirken kann?
11 Ist sie gut für unseren Planeten?
12 Ist sie gut für die Menschen?
13 Was ist deine Nische?
14 Wie groß ist diese Nische?
15 Wie kannst du sie testen?
16 Betrifft sie ein alltägliches Problem?
17 Muss dieses Problem überhaupt gelöst werden?
18 Ist sie disruptiv?
19 Was wird in fünf Jahren daraus geworden sein?
20 Liebst du deine Idee?
21 Würdest du auch zehn Jahre damit verbringen?
22 Was wird sie hinterlassen?
23 Wenn du dir jetzt unsicher bist,
    was deine Idee angeht, dann mach weiter.

23 FRAGEN, DIE DU DIR ZU DEINER IDEE STELLEN SOLLTEST

KAPITEL VIER

DIE MARKE

Ist dir aufgefallen, dass dir mehr Ideen kommen, wenn du nicht an die Sache denkst, an die du denken solltest? Mmh ...

DER GRÜNDER-CODE

1 Finde heraus, was du liebst.
2 Verbring dein Leben damit.
3 Vertrau auf deine Instinkte.
4 Ignoriere Zweifler.
5 Jag der Arbeit hinterher, nicht dem Geld.
   (Und das Geld kommt garantiert.)
6 Nutze deine Ideen, um die Welt voranzubringen.
7 Verrate deine Ideen nicht: Realisiere sie.
8 Arbeite mit großartigen Menschen. Auch wenn
   sie vielleicht nicht immer die einfachsten sind.
9 Es gibt keine Abkürzungen.
   Investier die nötige Zeit.
10 Guter Kaffee hilft.

Manch einer denkt, dass Name und Logo ausreichen, damit eine Firma zur Marke wird. Dabei haben sie eben nur das: einen Namen und ein Logo. Sonst nichts.

Die Aufgabe der Marke ist es, dafür zu sorgen, dass dieser Name und dieses Logo für etwas stehen. Die Gründungsprinzipien jeden Tag aufs Neue zu leben. Ihnen treu zu bleiben. Aber wie macht man das? Nun, indem man ein phantastisches Produkt hat, großartigen Service liefert und die eigene Firma dazu nutzt, die Dinge zu verändern, die man sich zu ändern vorgenommen hat. Schwer ist das nicht. Nur verdammt hart.

Natürlich sind ein guter Name und ein gutes Logo hilfreich. Aber meinst du, *Apple* hätte es geschafft, wenn sie sich *Peach* genannt hätten? Natürlich hätten sie das.

Ich verstehe eine Marke als beständiges Versprechen. »Ich verspreche, die besten Laufschuhe der Welt zu machen«, »Ich verspreche, die Internetsuche schneller und treffsicherer zu machen«, »Ich verspreche, die qualitativ beste Outdoor-Kleidung mit dem kleinsten ökologischen Fußabdruck herzustellen«. Was versprichst du? Dein Versprechen ist deine Marke.

EINE MARKE IST MEHR ALS NUR EIN SCHICKES LOGO

WIE BE-KOMMST DU DIE LEUTE DAZU, DEINE MARKE ZU LIEBEN?

Das werde ich oft gefragt. Und die Antwort ist überraschend simpel: Du musst sie erst mal selbst am meisten lieben. Und das soll alles sein? Ja, das ist alles.

Diese Art Arbeit ist eine Herzensangelegenheit. Und du bist ihr Herzstück. Du musst dir den Allerwertesten aufreißen, und zwar bei jedem Detail. Immer und immer wieder. Du musst unerbittlich und wie besessen jeder noch so klitzekleinen Sache Aufmerksamkeit schenken. Und stell dir vor: Deinen Kunden wird das auffallen. Sie werden merken, dass du dein Herzblut hineingeschüttet hast, und sie werden dich dafür lieben.

Zu jeder Zeit und mit jedem Schritt wirst du deine Kunden zur Priorität gemacht haben. Immer. Lass dir von den Erbsenzählern nicht einreden, dass die Qualität ruhig ein wenig leiden darf, nur um die Margen zu verbessern. Die langfristige Beziehung zu deinen Kunden sollte niemals kurzfristigen Profiten zum Opfer fallen. Es ist wesentlich einfacher, einen neuen Erbsenzähler zu finden als einen neuen Kunden.

Die Kunden wissen es, wenn sie von einer Firma geliebt werden. Und diese Liebe wird gespürt und wertgeschätzt. Sie wächst.

Mir wurde einmal die folgende Geschichte über Ralph Lauren erzählt. Vielleicht ist sie wahr, vielleicht nicht.

Wie auch immer, die Geschichte geht so: Er hat Millionen für seine Ranch ausgegeben. Jedes Detail genau durchdacht. Die Handwerker und Architekten hatten sicherlich keine einfache Zeit. Es gab immer wieder Änderungswünsche, aber nachdem endlich alles fertig war, waren sie absolut zufrieden. Nur Ralph hatte das Gefühl, dass etwas fehlt, dass irgendetwas nicht stimmt. Die Handwerker mussten also noch mal anrücken, und zwar, weil die Tür zu perfekt war. Sie quietschte nicht. Dabei weiß doch jeder, dass bei alten Farmhäusern immer die Tür quietscht. Also mussten sie eine einbauen.

Und jetzt stell dir mal vor, wie durchdacht erst die Details seiner Kreationen sein müssen.

Bei einer Marke geht es um Beständigkeit. Dass jedes Detail beachtet wird. Denn Beständigkeit weckt Vertrauen, und Vertrauen ist die Grundlage für jedes erfolgreiche Geschäft. Als Gründer ist es dein Job, über all diese Details zu wachen. Worauf kommt es also an? Auf alles.

DIE EINZIGE SACHE, AUF DIE ES ANKOMMT, IST ALLES'

EINEN GUTEN RUF AUFZUBAUEN BRAUCHT JAHRZEHNTE, IHN ZU ZERSTÖREN NUR EINEN WASCHGANG

Die erste von mir gegründete Bekleidungsfirma erlangte den Ruf, hervorragende Basisschichten-Shirts mit Merinowolle herzustellen. Die Marge war nicht unbedingt die beste, aber wir mussten auch nie zu Rabattpreisen verkaufen. Wir waren absolut zufrieden. Ein Investor hatte jedoch die Marge gesehen – und wollte sie verbessern.

Diese Verbesserung wollte er erreichen, indem er qualitativ minderwertigere Merinowolle kaufte. Natürlich war die Marge da besser. Das hatten wir auch schon ausprobiert. Aber das Ergebnis war einfach nicht gut genug. Die Wolle verlor nach nur einem Waschgang ihre Straffheit. Sobald mir das aufgefallen war, schob ich dem Ganzen einen Riegel vor. Der Käufer hatte dafür kein Verständnis. Er versuchte sogar, mich zu übergehen und das Unternehmen hinter meinem Rücken zu erwerben. Aber das verhinderte ich genauso.

Für mich bringt es gar nichts, ein einziges Mal eine gute Marge zu erzielen, nur um den entsprechenden Kunden nach einem Waschgang nie wiederzusehen. Der Ruf deiner Marke sollte niemals für einen kurzzeitigen Gewinn aufs Spiel gesetzt werden.

DEINE SPRACHE KANN VIELSTIMMIG SEIN

Ich traf mich auf einen Kaffee mit Richard, einem der Gründer von *Innocent*, und er erzählte mir seine Taxigeschichte. Ich glaube, er war auf dem Weg zurück zur Arbeit. Jedenfalls wollte der Taxifahrer wie üblich ein Gespräch anzetteln. Er stellte die gewöhnlichen Fragen. »Was machst du so Kumpel?« Und Richard antwortete: »Ich führe gemeinsam mit anderen eine Smoothie-Firma.« »Ach ja? Welche denn?« »Innocent.« »Nett. Aber nicht mehr so toll wie früher.« Richard war etwas verdattert. »Wie meinen Sie das?« »Na ja, Sie haben das Label verändert. Es glänzt jetzt, und vorher war es matt. Jetzt fühlt es sich irgendwie weniger echt an. Sie wissen schon. Weniger authentisch.« Richard bedankte sich bei ihm, als das Taxi ihn absetzte. Er ging zurück ins Büro und veranlasste als Allererstes, dass das Label nicht mehr glänzend, sondern wieder matt sein sollte.

Der Taxifahrer hatte ihm soeben die Bedeutung der Größe kleiner Dinge beigebracht. Wie diese kleinen Dinge, von denen wir denken, dass sie unwichtig sind, eine riesige Auswirkung haben können. Wenn du etwas Großes schaffen willst, musst du all die kleinen Dinge richtig machen.

WIE VIELE SINNE NUTZT DEINE MARKE?

Eine Marke sollte all deine Sinne ansprechen. Doch die meisten denken nur an Sehen und Hören. Gefühl, Geruch und Geschmack werden vernachlässigt. Dabei können sie ziemlich einflussreich sein. Abercrombie & Fitch besprühen jeden Katalog mit ihrem Parfum. Das weckt Erinnerungen, sobald du einen ihrer Läden betrittst. Die tragbaren Lautsprecher von Jawbone klingen wie ein futuristisches Raumschiff beim Abflug, wenn du sie einschaltest. Das allein genügt, um dich zu überzeugen, dass du modernste Technologie vor dir hast. Ziemlich beeindruckend.

Der spanische Koch Ferran Adrià ist überzeugt, dass der Geschmack beim Kochen nicht der einzige Sinn ist, den es zu erobern gilt. Mit dem Gefühl kann er mittels verschiedener Temperaturen spielen, genauso mit dem Geruch und unserer Sehwahrnehmung. Für ihn werden die Sinne während des kreativen Prozesses zu einem der wichtigsten Anhaltspunkte.

Nicht nur Kaffeeläden können sich die Kraft des Geruchssinns zunutze machen. Nicht nur Chefköche die Kraft des Geschmackssinns. Und nicht nur Modefirmen die Kraft des Tastsinns. Nutzt deine Marke all unsere Sinne?

MACH DIE VER- ÄNDERUNG SPÜRBAR

Die besten Marken verändern nicht nur etwas,
sie beherrschen es auch intuitiv, ihre Bestimmung
so zu kommunizieren, dass sie auch ihren Kunden
etwas bedeutet.

Du musst dafür sorgen, dass deine Kunden etwas
spüren, dass sie ein Gefühl entwickeln für die Veränderung, die du bewirkst, sonst veränderst du
am Ende reichlich wenig. Du musst verstehen, was
in ihren Herzen vorgeht. In dieser Hinsicht wäre
Logik ein ziemlich stumpfes Werkzeug. Mit ihr
ergibt alles einen Sinn, lässt sich ein Haken hinter
jedes Kriterium setzen, aber verändern wird sie
wenig. Und Intelligenz ist kein Stück besser. Ihre
Fähigkeit, Dinge oder Verhaltensweisen zu verändern, wird völlig überschätzt. Ich glaube, einer
der besten Wege, deine Kunden zu inspirieren,
aufzuwecken, wachzurütteln, ist, auf Emotionen
zu setzen. Lass sie etwas spüren.

Lass sämtliche Hüllen fallen. Erzähl von deinen
Schwierigkeiten, deinem Schmerz, deinen Tief-
punkten. Sei verwundbar, sei ehrlich. Erzähl ihnen
davon, wie die Welt aussehen könnte.

Vor allem aber, sei du selbst.

SPRICH EINE EINHEITLICHE SPRACHE

Das Produkt eines Unternehmens, seine Bestimmung und wie es sich der Welt präsentiert, muss stimmig sein, wenn es all das umsetzen will, was es sich vorgenommen hat.

Lass deinen Kurs also nicht von wechselnden Winden bestimmen. Bleib dir treu. In einer Welt, die Geduld keinen besonders großen Stellenwert beimisst, ist sie eine der größten Tugenden. Es geht so schnell, dass man an einem vollen Tag ein paar kleine Änderungen einführt und denkt, sie hätten keine besondere Auswirkung. Doch kleine Entscheidungen schlagen oft riesige Wellen.

Die Finanzwelt hat das Konzept der Zinseszinsen und wie kleine Veränderungen einen großen Unterschied machen können schon lange begriffen. So ähnlich können eine kleine Korrektur hier und ein winziger Kompromiss dort mit der Zeit die Seele des Unternehmens selbst verändern.

Das Prinzip eines stimmigen Produkts versteht im Grunde jeder. Doch dasselbe Prinzip muss auch für die Stimme einer Firma gelten. Nike spricht seit mehreren Jahrzehnten mit derselben Stimme. In ihr scheint ein unverkennbarer Charakter mitzuschwingen.* Und gerade weil sie so beständig ist, scheint jede Botschaft auf der vorherigen aufzubauen. Ihre Stimme hat Zinseszinsen angehäuft, und das nur dank ihrer eigenen Beständigkeit.

* den Nike auch ein kleines bisschen der Werbeagentur Wieden+Kennedy schuldet.

Eine Marke ist immer auch eine Geschichte. Und wenn du sie erzählst, muss sie gut sein. Der Vorteil unserer vernetzten Welt ist, dass tolle Geschichten sich schnell verbreiten. Und heutzutage tun sie das außerdem umsonst. Es gab also nie einen besseren, geschweige denn günstigeren Zeitpunkt, um etwas zu starten. Große Unternehmen haben keinen riesigen Vorteil mehr. Deine Website kann dich genauso groß aussehen lassen wie sie. Deine Instagram-Posts können dich witziger machen als sie, deine Tweets können dich menschlicher machen als sie.

Dir stehen sehr mächtige und vor allem kostenlose Werkzeuge zur Verfügung. Werkzeuge wie Instagram (kostenlos), Twitter (kostenlos), Medium (kostenlos), StumbleUpon (kostenlos). Und Digitalkameras, die mit jedem Jahr billiger werden.

Genauso gut wie du ein großartiges einzigartiges Produkt herstellst, musst du deine Geschichte erzählen können. Mach nicht einfach auf die Schnelle ein Foto, sondern überleg dir genau, was du vorhast. Schreib nicht einen netten Blog, sondern nimm dir ein paar Tage Zeit, um einen hervorragenden zu verfassen. Dreh nicht nur ein gutes Video, wenn ein phantastischer Kurzfilm lediglich etwas mehr Schweiß verlangt.

Mach dich an die Arbeit.
Erzähl deine Geschichte gut.

Wir leben in einer sehr hektischen Welt. Uns steht dieselbe Zeit zur Verfügung wie früher, aber es wetteifern viel mehr Dinge um unsere Aufmerksamkeit. Und wer oder was gewinnt? Die Sache, die am meisten heraussticht. Alles Mittelmäßige verblasst und verschwindet wieder. Und zwar schnell.

Mittelmäßige Videos werden im Internet nicht geteilt. Mittelmäßige Instagram-Posts werden nicht gelikt. Langweilige Tweets nicht retweetet. Die binäre Welt der sozialen Medien hält sich nicht damit auf, Gefangene zu machen. Entweder kriegst du unsere Aufmerksamkeit oder nicht. Das Internet sortiert erbarmungslos alles aus, was nicht gut genug ist.

Aber zum Glück kostet herausragend nicht mehr als mittelmäßig. Tatsächlich ist es sogar andersrum. Das ganze Geld und die Mühe, die in etwas gesteckt wurden, was niemals jemand sehen wird, sind einfach nur eine dumme Verschwendung von Ressourcen. Stattdessen sollte mehr Zeit darauf verwendet werden, kreativ zu sein. Das zahlt sich später hundertfach aus.

MITTEL-MÄSSIGKEIT STIRBT SCHNELLER ALS JE ZUVOR

Warst du je in einem guten Restaurant, in dem der Kellner schlichtweg desinteressiert war? Warst du je in einem namhaften Laden, in dem die Verkäuferin die gesamte Zeit telefoniert hat, anstatt sich um dich zu kümmern? Warst du je in einem Fünfsternehotel, und der Service war einfach nur schlecht? Unabhängig davon, wer du bist: Wenn du Leute einstellst, denen alles egal ist, dann werden deine Kunden genau das zu spüren bekommen.

Und die ganze Arbeit, die du selbst hineingesteckt hast, war umsonst. Wenn du also Leute einstellst, frag dich: Brennen sie genauso leidenschaftlich für deine Inhalte wie du? Passen sie zu deiner Marke und ihren Prinzipien? Wenn du bei Abercrombie & Fitch durch die Tür gehst, merkst du sehr schnell, was es dort bedeutet, eine Marke zu verkörpern.

Die Menschen, die für dich arbeiten, repräsentieren dich in deiner Abwesenheit. Macht dir die Vorstellung Angst oder ist sie beruhigend?

DEINE MARKE BESTEHT AUS DEINEN LEUTEN

KAPITEL FÜNF

MENSCHEN

MENSCHEN
WERDEN
VON VER-
ÄNDERUNG
ANGEZOGEN

Von deiner Bestimmung hängt nicht nur dein Produkt ab, sondern auch deine Unternehmenskultur, die Menschen, die du einstellst. Sogar die Kunden, die bei dir einkaufen. Und schlussendlich natürlich auch, wie erfolgreich du bist. Das Wichtigste aber, was deine Bestimmung jedem deiner Mitarbeiter liefert, ist eine klare Vorstellung davon, warum die Firma überhaupt existiert. Jeder im Unternehmen versteht, was du verändern willst.

Diese Veränderung ist dein geheimer Antrieb. Und die Menschen möchten ein Teil dieser Veränderung sein. Sie möchten ein Teil der Geschichte werden. Den Kern eines Teams bilden Ideen, die etwas verändern können.

Deshalb ist deine Bestimmung so wichtig. Sie lässt Teams entstehen, die mit Leidenschaft hinter dem Projekt stehen. Sie wollen einen Unterschied machen, nicht nur schnell ein bisschen Kohle.

Wenn ein Team wirklich motiviert ist, wenn es den Unterschied versteht, den es machen kann, wird niemand es aufhalten können, selbst wenn alle Wahrscheinlichkeiten dagegensprechen.

TEAMS SCHAFFEN EIN UNTER- NEHMEN, KULTUR SCHAFFT EIN TEAM

Eine Firma ist immer nur so stark wie die Menschen, die für sie arbeiten. Die Menschen sind nur so stark wie die Kultur, die in dieser Firma herrscht. Und die Kultur ist abhängig vom Existenzgrund der Firma – ihrer Bestimmung.

Über Kultur zu reden, ist gar nicht so einfach. Sie ist unsichtbar, man kann sie nicht fühlen. Aber wenn sie nicht stimmt, ist sie sowohl sichtbar als auch spürbar. Die Unternehmenskultur selbst ist keine große Sache, aber sie besteht aus vielen kleinen.

Die Mitarbeiter von Patagonia dürfen surfen gehen, wenn die Bedingungen gut sind. In meiner Firma Hiut Denim Co. wurde jedes Paar Jeans von unseren sogenannten GrandMasters signiert – schließlich signieren alle Künstler ihre Werke. Bei Nike ließ die Unternehmenskultur eine Gruppe namens Ekins entstehen. Sie kennen Nike in- und auswendig, vorwärts und rückwärts. Manche Mitglieder haben sich sogar entsprechend tätowieren lassen, um zu zeigen, dass sie zu dieser Elite dazugehören.

Wenn du deine Bestimmung klar definierst, werden gleichgesinnte Menschen davon angezogen wie Motten vom Licht. Also gib dir Mühe.

Deine Unternehmenskultur wird Menschen an-
ziehen. Zu Beginn ging es bei Nike nur ums Laufen.
Der Gründer ist selbst Läufer und Lauftrainer.
Sein erster Angestellter war Jeff Johnson. Auch er
ein Läufer. Das war Nikes Unternehmenskultur.
Sie wollten den Laufsport verändern.

Johnson entwarf die ersten Produktbroschüren,
Printkampagnen und Marketingmaterialien, er
machte sogar selbst die Katalogfotos. Er führte
ein postalisches Bestellsystem ein, eröffnete den
ersten Store. Selbst einige frühe Nike-Schuhe hat
er designt, und ihm hat das Unternehmen seinen
Namen zu verdanken, auf den er 1971 kam.

Und er tat noch mehr: Er schrieb Briefe an Athle-
tinnen und Athleten und erkundete sich, wie das
Training laufe. Als dann die Olympischen Spiele
anstanden und sie sich entscheiden mussten,
ob sie Adidas oder Nike tragen wollten, fiel ihre
Wahl auf jene Marke, die sich für ihren Trainings-
fortschritt interessiert hatte. Diese Briefe ver-
änderten die Geschichte von Nike.

Und wer wird dein erster Mitarbeiter?

DER ERSTE MITARBEITER

LANGSAM HEUERN

Lass dir Zeit bei Bewerbungsgesprächen. Eine Stunde reicht dafür nicht aus. Du lernst die Kandidaten besser kennen, wenn du ihnen eine Aufgabe stellst. Setze ihnen eine knappe Deadline, und dann schau dir an, wie sie damit umgehen. Dadurch erfährst du viel mehr über sie als in einem reinen Interview*.

Triff sie auch woanders, nicht nur im Büro. Geh eine Runde mit ihnen laufen, ein Bier trinken, lerne sie als Mensch kennen. Wenn du keine Zeit mit ihnen verbringen möchtest, solltest du sie dann wirklich einstellen?

Vergiss nicht, dass du einen unglaublich großen Teil deiner Zeit als Manager mit fälschlicherweise eingestellten Leuten zubringen wirst. Dich mit ihnen auseinanderzusetzen wird dir ziemlich viel Stress bereiten. Vielleicht solltest du dir also von Anfang an mehr Zeit für den Einstellungsprozess nehmen. Klingt plausibel, oder?

* Introvertierte Menschen haben Schwierigkeiten bei Job-Interviews, können aber die besten Ideen haben.

SCHNELL FEUERN

Nicht jede Zusammenarbeit funktioniert. Manchmal hast du dich falsch entschieden, und das merken oft beide Seiten schnell. Nach drei Monaten weißt du, ob die Sache gut oder böse ausgehen wird. Und trotzdem handeln viele Unternehmen nicht. Die Person ist unglücklich, das Team ist unglücklich*, und das kann über Jahre so weitergehen. Manchmal sogar über Jahrzehnte.

Du hast deinem Team, der Unternehmenskultur und letztendlich auch eurer Bestimmung gegenüber eine Verpflichtung. Und aus diesem Grund musst du die schwierigen Dinge zügig erledigen.

Die betroffene Person wäre mit einem anderen Job glücklicher. Dein Team wiederum mit einer anderen Person. Und das Leben ist einfach zu kurz, als dass man sich miserabel fühlen sollte. Die Menschen begehen immer wieder den Fehler, nett sein zu wollen und sich dem Problem dadurch nicht zu stellen. Das bedeutet, alle Beteiligten sind länger unglücklich. Es mag intuitiv falsch klingen, doch in diesem Fall ist es gnädiger, schnell zu handeln.

* Profis wollen nicht mit Amateuren zusammenspielen.

DIE KEINE-ARSCHLÖCHER-REGEL

Ein Weg, ein Team in seine Einzelteile zu zerlegen, ist, jemanden einzustellen, der zwar talentiert ist, dafür aber den Teamgeist zerstören wird. Wegen seines oder ihres Talents wurde er oder sie bei anderen Firmen verhätschelt. Sie durften sich wie Monster verhalten. Sie denken nur an sich. Und sie werden alles tun, um zu gewinnen. Aber die eine Sache, die sie auf gar keinen Fall tun werden, ist das Team an erste Stelle zu setzen.

Wir alle haben schon mal gemeinsam mit einem talentierten Sportler Fußball gespielt, einem, der mit dem Ball zu seinen Füßen alles kann, außer zu passen. Er mag ein phantastisches Tor schießen, das Team aber am Ende verlieren.

Ein guter Freund hat mir die Geschichte von den sieben Streichhölzern erzählt. Wie jedes einzelne davon ganz leicht knickt. Wenn man aber alle gemeinsam nimmt, kann sie niemand zerbrechen. Die talentiertesten Menschen wissen, dass sie es allein nicht schaffen können. Zu gewinnen ist eine Teamleistung.

BESSER UNER-SÄTTLICH ALS TALENTIERT

In einer perfekten Welt fändest du beides in einer Person vereint. Aber leider geht das nicht immer. Wenn du also wählen musst, rate ich dir zu jemand Unersättlichem.

Wer unersättlich ist, will immerzu Neues lernen, immerzu besser werden. Wer unersättlich ist, schiebt bereitwillig Überstunden. Wer unersättlich ist, wird nicht faul.

Mit der Zeit steckt der Unersättliche so viel Arbeit in seine Sache, dass er ein Talent entwickelt, das irgendwann sogar jenen mit der natürlichen Gabe dafür in den Schatten stellt. Malcolm Gladwell ist überzeugt davon, dass »Talent das Verlangen ist, sich zu verbessern«. Ich bin ziemlich sicher, dass er recht hat.

Talent kommt tatsächlich von dem Hunger, besser werden zu wollen. Diesen Hunger kann man den Leuten nicht beibringen. Er lässt sich nicht trainieren oder anregen. Entweder sie spüren ihn oder nicht. Sie bringen ihn mit, wenn sie den Raum betreten, oder nicht.

Ich sehe es wie der Vereinspräsident von Real Madrid: Teuer ist billig. Er argumentiert, dass es von höherem Wert sei, einen 100-Millionen-Euro teuren Spieler zu kaufen als einen für 10 Millionen. Die *Galácticos* (wie er sie nennt), verkauften mehr Trikots, bekamen mehr Presse und steigerten die Aufmerksamkeit für die Marke Real Madrid in der ganzen Welt. Die Spieler für 10 Millionen hatten nichts davon erreicht, womit sie für ihn viel teurer waren.

Ich gehe mal davon aus, dass du keine 100 Millionen übrig hast, um sie in Talent zu investieren. Wenn du allerdings erfolgreich sein willst, musst du unbedingt mit den Besten zusammenarbeiten.

Ob es sich dabei um einen Webseiten-Programmierer, einen Fotografen, einen Designer oder Hacker handelt, mache ihnen klar, dass dein kleines Budget gleichzeitig bedeutet, dass ihnen sämtliche kreativen Freiheiten gelassen werden. Die eine Sache, die kreative Menschen wollen, ist dem Rest der Welt zu beweisen, wie kreativ sie sind. Du kannst ihnen also nicht viel Geld bieten, dafür aber jede Menge Freiheit. Lass die Leinen los; von nichts anderem träumen sie.

ARBEITE MIT DEN BESTEN

VOR ALLEM, WENN DU EIN UNTER-FINANZIERTES START-UP LEITEST

STELLE EIN VIRTUELLES TEAM ZU- SAMMEN

Als Start-up kannst du es dir nicht leisten, sofort das Team zusammenzustellen, das du gern hättest. Aber du weißt, wen du dabeihaben wollen würdest, oder? Seit Jahren bewunderst du ihre Arbeit.

Wie bekommst du sie also trotzdem dazu, deinem Team beizutreten? Schreib sie an. Zeig ihnen Bilder von deiner Arbeit, Entwürfe in deinem Notizbuch, erzähl ihnen von deiner Mission und der Veränderung, die du bewirken willst.

Neulich brachte mir unser Graphikdesigner Nick Hand (ein virtuelles Teammitglied) das Buch eines berühmten Illustrators (James Victore) mit. Ich liebe seine Arbeiten. Ich hatte mir dazu schon einiges notiert. »Wir müssen mit Leuten zusammenarbeiten, die so gut sind wie er«, sagte Nick.

Da dachte ich, wir müssen nicht mit Leuten *wie* ihm zusammenarbeiten. Wir müssen *mit* ihm arbeiten. Irgendwie habe ich seine E-Mail-Adresse herausgefunden und ihm geschrieben. Ich habe ihm erzählt, dass meine Stadt wieder Jeans herstellen würde. Und dass wir, wollten wir jedem seinen Job zurückgeben, absolut genial sein müssten. Und das bedeute, wir könnten nur mit den absolut Besten zusammenarbeiten. Also bräuchten wir ihn. Er schrieb zurück: »Ich bin dabei.«* Hätte ich mir vorher unser Budget angesehen, ich hätte die E-Mail niemals abgeschickt.

---

* Übrigens hat er auch das Cover für dieses Buch entworfen.

MACHE DEIN UNTER- NEHMEN ZU EINEM ORT DES LERNENS

Die Leute verlassen eine Firma nicht aus Geld-
gründen. Das behaupten sie dann zwar, aber es
stimmt nicht.

Emotional haben sie sich schon lange vor dem
physischen Weggang verabschiedet. Sie gehen,
weil sie nicht wertgeschätzt werden, nicht ge-
nügend gefordert oder sich nicht als Teil von etwas
fühlen, was ihnen etwas bedeutet. Diese große
Unzufriedenheit basiert enorm auf der Tatsache,
dass sie aufgehört haben zu lernen.

Es ist deine Aufgabe, eine Kultur des Lernens zu
schaffen, durch die eine emotionale Verbundenheit
entsteht. Du musst dafür sorgen, dass sie mit dem
Herzen bei der Sache sind. Die besten Mittel, die
ich kenne, sind Aus- und Weiterbildung.

Und es geht nicht nur darum, dass sie ihren Job
immer besser machen. Das ist Standard. Du
musst darüber hinausgehen, damit die Leute sich
wirklich einbringen und dabeibleiben.

Du wirst sie zu Schulungen schicken müssen,
selbst wenn diese Schulungen nicht unmittelbar
mit der Arbeit zu tun haben, die sie für dich leisten.
Die besten Unternehmen sehen den ganzen
Menschen und nicht nur den kleinen Teilaspekt,
der ihnen etwas nützt.

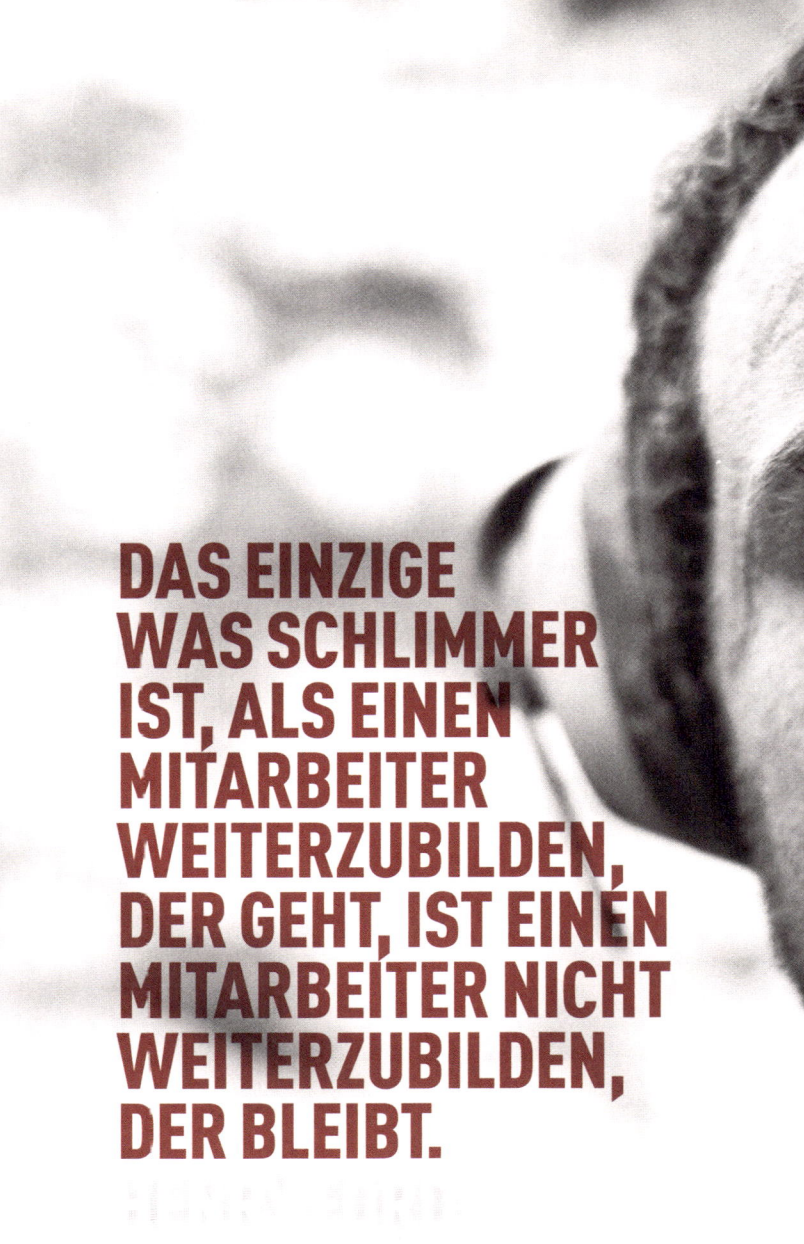

DAS EINZIGE
WAS SCHLIMMER
IST, ALS EINEN
MITARBEITER
WEITERZUBILDEN,
DER GEHT, IST EINEN
MITARBEITER NICHT
WEITERZUBILDEN,
DER BLEIBT.

VERTRAUEN

Tina Roth Eisenberg (besser bekannt als @swiss-miss) hat bei Do USA einen Vortrag gehalten. Sie sprach viel über die Gründung ihrer eigenen fabelhaften Unternehmen, wie es war, das Team aufzubauen, und wie wichtig Spaß dabei ist. Eine ihrer Folien enthielt die Überschrift: Vertrauen erzeugt **Magie**.

Genauso wie Tina glaube ich an Teams. Wenn ein Team zusammenwächst, gibt es kaum etwas, was es nicht schaffen kann, davon bin ich überzeugt. Doch bei manchen Teams endet die Sache mit unfassbaren Streitereien, und sie löschen sich selbst aus. Das fasziniert mich. Woran liegt es, dass manche Teams zusammenwachsen, während andere auseinanderbrechen?

Wenn ich ein Geschäft aufbauen will, muss ich zunächst ein Team aufbauen, das weiß ich. Und es ist eine Schlüsselqualifikation, die jeder Unternehmensgründer erlernen muss.

ERZEUGT

Ein Team aufzubauen ist nicht sonderlich komplex. Ich habe gelernt, dass ein Team durch zwei Dinge zusammengeschweißt wird. Es braucht die Gründungsidee eines Unternehmens, um die es sich scharen kann. Und je mehr diese Idee dazu in der Lage ist, Dinge zu verändern, desto mehr Menschen wollen sich ihr anschließen. Bestimmung ist wichtig.

Die zweite Sache, um die sich Teams scharen, ist eine Führungsperson, der sie vertrauen. Vertrauen erhöht die Energie eines Teams. Das Team kann der Führungsperson nur vertrauen, wenn diese dem Team vertraut. Vertrauen ist keine Einbahnstraße.

Die meisten Firmen funktionieren jedoch nicht nach diesem Prinzip. Sie vertrauen ihren Leuten nicht, ganz im Gegenteil. Dabei kostet Vertrauen nichts. Es erzeugt Loyalität, Leidenschaft und hilft, dass alle am selben Strang ziehen. Die Magie des Vertrauens besteht darin, dass es einem Team dabei hilft, ein Team zu werden.

KAPITEL SECHS

DU

DENK LANG- FRISTIG

Ein Unternehmen, das eine klare Bestimmung hat,
bedeutet dir etwas, und da liegt das Problem.

Ich schwöre dir, es kann und wird dich voll und
ganz vereinnahmen. Tag und Nacht. Zu Hause und
auf der Arbeit. Und auf dem Weg vom einen zum
anderen.

Das ist nun mal der Deal. Aber du musst Wege
und Möglichkeiten finden, dich davor zu schützen.
Schließlich musst du dich auch noch um viele
andere Menschen kümmern, die von dir abhängen
und sich auf dich verlassen.

Die Nächte durchzuarbeiten ist dein Initiations-
ritus, das musst du akzeptieren, und am Wochenende zu ackern gehört genauso dazu. Du musst
aber auch akzeptieren, dass das nicht die Norm
werden darf.

Du bist müde? Dann geh nach Hause.
Und komm erholt wieder. Unternehmen
sind wahnsinnig gut darin, *dich* zu führen.
Lass es nicht dazu kommen.

SCHLAF VERVIEL- FACHT DEINE ENERGIE

Ein erfolgreiches Unternehmen braucht Unmengen Energie. Mehr noch als Unmengen finanzielle Mittel.

Eine Zeit lang kann man natürlich von früh morgens bis in die Nacht durchschuften, aber irgendwann kommt der Punkt, an dem das Ganze kontraproduktiv wird und die Erträge sinken.

Dein Job ist es zu führen. Dein Job ist es, Entscheidungen zu treffen. Dein Job ist es, vor Energie und Enthusiasmus nur so zu sprühen.

Das klingt vielleicht langweilig, doch wenn du die Erfolgschancen deiner Firma maximieren willst, musst du dir den Schlaf gönnen, den dein Körper benötigt. Es gibt keine Medaille für den Müdesten.

WENN DU EINE GARANTIE HABEN WILLST, KAUF EINEN TOASTER

Ein kleiner Rat: Wenn du dazu tendierst, dir viele Sorgen zu machen, dann solltest du vielleicht kein Unternehmen gründen. Denn dabei gibt es keine Garantie. Die Dinge laufen selten so, wie es der Businessplan vorsieht. Und jeder Tag bringt eine neue Herausforderung mit sich.

Aber wie hört man damit auf, sich Sorgen zu machen?

Nimm dir als Erstes ein weißes Blatt Papier und schreib auf, was das Schlimmste ist, das passieren könnte. Vielleicht, dass du dieses Haus verlierst? Oder deinen guten Ruf? Ist es die Angst zu scheitern? Was immer es ist, akzeptiere es, bevor du loslegst. Wenn du es nicht akzeptieren kannst, dann lass es sein.

LIES
DIESES
BUCH

Dale Carnegie hat ein ganzes Buch darüber geschrieben, wie man mit Sorgen umgehen kann. Ihm war aufgefallen, dass einige Geschäftsleute an stressbedingten Krankheiten starben. Also fing er an, in der örtlichen Bibliothek zu recherchieren. Es gab 47 Bücher über Würmer, aber nur eins über Sorgen. Das fand er so besorgniserregend, dass er sich hinsetzte und ein Buch darüber schrieb.

Auch wenn es schon vor einem halben Jahrhundert erschienen ist, finden sich darin Ratschläge, die Gold wert sind. Bevor du dich daranmachst, ein Unternehmen zu gründen, rüste dich mit einigen Techniken aus, die dir im Umgang mit Sorgen helfen werden. Sonst bestimmt am Ende deine Firma dich anstatt umgekehrt.

DU KANNST
ALLES
TUN, ABER
NICHT ALLES
SCHAFFEN.
DAVID ALLEN

SUCH DIR EINE GUTE ABLENKUNG

Vielen Leuten, die ein Unternehmen führen, fällt es schwer abzuschalten. Sie sind nämlich meist obsessive Kontrollfreaks. Was übrigens völlig okay ist.

Eine Möglichkeit abzuschalten ist, etwas anderes zu finden, mit dem man sich obsessiv beschäftigen kann. Eine Sportart oder ein neues Hobby zum Beispiel. Wie wär's mit Golfen oder Angeln, Yoga, Werkzeugbauen oder Brotbacken …

Während du dich ganz in dein Hobby vertiefst, kannst du aufhören, über deine Firma zu grübeln – und vielleicht kommst du dabei sogar auf hilfreiche Gedanken. Manchmal kommen einem die besten Ideen, indem man an etwas ganz anderes denkt.

Sport ist wichtig. Egal, welchen du machst, nimm dir eine Auszeit. Ob du joggen gehst, spazieren, Fahrrad fährst oder täglich meditierst.

Dein Gehirn braucht hin und wieder eine Pause. Lass den restlichen Körper arbeiten, und während er beschäftigt ist, schaltet sich der Kopf von ganz allein aus.

Du wirst dich sowohl physisch als auch mental erholt fühlen. Die Anstrengung ist wohltuend, und währenddessen gibt es keine E-Mails zu verschicken, keine Rechnungen zu zahlen, keine seltsamen Unterhaltungen mit anderen Leuten zu führen. Du bist frei*.

Sport lässt den Alltagsstress weit, weit in den Hintergrund treten.

*   Und frei solltest du dich so oft fühlen wie möglich.

DAS LEBEN IST KOMPLIZIERT, ABER SPORT IST SIMPEL

DIE NATUR LIEBT DIE BALANCE

Und dasselbe gilt für Körper und Geist der Menschen, die für dich arbeiten. Wenn du mit einem Start-up beschäftigt bist, kann das Leben ziemlich schnell außer Kontrolle geraten. Wenn du das zulässt. Ja, es wird Zeiten geben, in denen Deadlines dich das Gefühl für Tag und Nacht verlieren lassen werden. Und ja, Adrenalin ist der Treibstoff von Start-ups, vor allem aber, weil es umsonst ist. Und nicht, weil es der beste Treibstoff wäre, um langfristig ein Geschäft aufzubauen.

Dein Job ist es also auch, auf dein Team achtzugeben, schließlich sind sie für dein Geschäft verantwortlich. Du musst also sichergehen, dass diese absolut verrückten Zeiten nicht zur Norm werden. Du musst eine Unternehmenskultur schaffen, in der die Menschen sich Urlaub gönnen, in der Spätschichten die Ausnahme darstellen, in der deine Mitarbeiter sich gut ernähren, gut schlafen und sich ihre Zeit gut einteilen. (Lies *Wie ich die Dinge geregelt kriege* von David Allen. Es ist eine wahre Geheimwaffe.)

Dein Team ist kreativer, kann besser denken, und es macht viel mehr Spaß, miteinander Zeit zu verbringen, wenn du eine Kultur der Balance schaffen kannst.

MACH EINE SACHE

RICHTIG GUT.

DAS REICHT VÖLLIG.

GENIESS
DIE FAHRT,
SIE GE-
HÖRT DIR

Gehe jeden Tag einzeln an. Häng nicht der Vergangenheit nach, lebe nicht in der Zukunft. Arbeite immer im Hier und Jetzt. Sei fleißig und investier deine Energie in die eine Sache, die dir wirklich etwas bedeutet. Bleib im Moment.

Vergeude keine Zeit damit, zu jammern und zu stöhnen. Sei dankbar für jeden Tag. Und genieß die Fahrt, sie gehört dir. Du triffst die Entscheidungen. Such nach den positiven Dingen, nicht nach den negativen. Umgib dich mit Menschen, die dich hoch- statt runterziehen.

Selbst an deine schwersten Tage wirst du dich später mit einem Lächeln zurückerinnern.

Bücher

Bestimmung

Lass die Mitarbeiter surfen gehen: Die Erfolgsgeschichte eines eigenwilligen Unternehmers. Yvon Chouinard (Redline Verlag 2017)

Frag immer erst: warum. Wie Top-Firmen und Führungskräfte zum Erfolg inspirieren. Simon Sinek (Redline Verlag 2014)

Small Giants: Companies That Choose to be Great Instead of Big. Bo Burlingham (Penguin 2007)

Die Marke

The Republic of Tea: The Story of the Creation of a Business, as Told Through the Personal Letters of Its Founders. Mel Ziegler, Patricia Ziegler, Bill Rosenzweig (Crown, Random House 1994)

Steve Jobs: Die autorisierte Biografie des Apple-Gründers. Walter Isaacson (C. Bertelsmann 2011, btb 2012)

Es kommt nicht darauf an, wer Du bist, sondern wer Du sein willst: Das erfolgreichste Buch der Welt. Paul Arden (Phaidon 2005)

Winning the Story Wars: Why Those Who Tell and Live the Best Stories Will Rule the Future. Jonah Sachs (Harvard 2012)

Produkt

Lean Startup: Schnell, risikolos und erfolgreich Unternehmen gründen. Eric Ries (Redline Verlag 2014)

The Synergist: How to Lead Your Team to Predictable Success. Les McKeown (Palgrave MacMillan 2012)

Hackers & Painters: Big Ideas from the Computer Age. Paul Graham (O'Reilly 2004)

Zeit

Wie ich die Dinge geregelt kriege: Selbstmanagement für den Alltag. David Allen (überarbeitete Neuausgabe, Piper 2015)

Das 80/20-Prinzip: Mehr Erfolg mit weniger Aufwand. Richard Koch (Campus 2015)

Die 4-Stunden-Woche: Mehr Zeit, mehr Geld, mehr Leben. Timothy Ferriss (Ullstein 2015)

Menschen

Gute Chefs essen zuletzt: Warum manche Teams funktionieren – und andere nicht. Simon Sinek (Redline Verlag 2017)

The Score Takes Care of Itself: My Philosophy of Leadership. Bill Walsh (Portfolio Penguin 2010)

Turn the Ship Around! A True Story of Building Leaders by Breaking the Rules. L. David Marquet (Portfolio Penguin 2013)

Wooden on Leadership: How to Create a Winning Organization. John Wooden (McGraw-Hill 2005)

Die Mäusestrategie für Manager: Veränderungen erfolgreich begegnen. Spencer Johnson (Ariston 2000)

Ideen

Insanely Simple: The Obsession That Drives Apple's Success. Ken Segall (Portfolio Penguin 2012)

A Technique for Producing Ideas. James W. Young (Frontal Lobe Publishing 2011)

Morgen fange ich an … warum nicht heute? Steven Pressfield (Ariston 2003)

Das Tao des Warren Buffett: Folgen Sie dem besten Anleger der Welt auf dem Weg zum Börsenerfolg! Mary Buffett & David Clark (Börsenbuchverlag 2008)

Du

Sorge dich nicht – lebe! Dale Carnegie (Fischer Taschenbuch 2011)

Turning Pro: Tap Your Inner Power and Create Your Life's Work. Steven Pressfield (Black Irish Entertainment 2012)

Clarity: Clear Mind, Better Performance, Bigger Results. Jamie Smart (Capstone 2013)

Weniger bringt mehr: Die Kunst, sich auf das Wesentliche zu beschränken. Leo Babauta (Riemann 2009)

Der kleine Prinz. Antoine de Saint-Exupéry (Karl Rauch 2012)

Zen-Geist – Anfänger-Geist: Unterweisungen in Zen-Meditation. Shunryu Suzuki (Theseus 2016)

Weitere Quellen

Zitate

»Vertrauen erzeugt Magie.« Tina Roth Eisenberg, aka SwissMiss

»Der Weg zu wunderbar führt immer über ganz passabel.« Bill Withers

»Die drei gefährlichsten Süchte sind Heroin, Kohlenhydrate und ein regelmäßiges Einkommen.« Fred Wilson

»Du kannst alles tun, aber nicht alles schaffen.« David Allen

»Je klassischer du etwas machen kannst, desto langlebiger wird es.« Paul Arden

»Jag der Arbeit hinterher, nicht dem Geld. Und das Geld kommt garantiert.« Paul Arden

»Führen Sie ein ordentliches und geregeltes Leben, damit Sie in Ihrem Werk originell und stürmisch sein können.« Gustave Flaubert

»Effizienz ist nur von Belang, wenn du etwas ungern tust.« Adam Shand über das Bauen seines eigenen Hauses

»Die größte Investition, die man tätigen kann, ist nicht in ein Haus, sondern in sich selbst.« Warren Buffett

»Die größere Gefahr besteht nicht darin, dass wir uns zu hohe Ziele setzen und sie nicht erreichen, sondern darin, dass wir uns zu niedrige Ziele setzen und sie erreichen.« Michelangelo

Webseiten

thedolectures.com

99u.com

creativemornings.com

paulgraham.com

thesummit.co

scrapbookchronicles.hiutdenim.co.uk

patagonia.com/blog

ted.com

Über den Autor

David Hieatt wurde oft als Marketing-Genie beschrieben. Nachdem er Saatchi & Saatchi verlassen hatte, machte er howies zu einer der einflussreichsten Aktiv-sport-Marken des letzten Jahrzehnts. Nach dem Verkauf der Firma an Timberland gründete er gemeinsam mit seiner Frau Clare »The Do Lectures«. Es wurde vom *Guardian* zu einem der zehn besten Ideen-Festivals der Welt gewählt und findet heute in West Wales, Kalifornien und Australien statt. Zuletzt gründete er Hiut Denim in seiner Heimatstadt Cardigan. Dort stand einst die größte Jeans-Fabrik Großbritanniens. Hiut Denim machte es sich zur Bestimmung, 400 Menschen ihren Job zurückzugeben. David hat Vorträge bei Apple, Google und vielen anderen Topfirmen gehalten. 2010 veröffentlichte er als Selfpublisher *The Path of a Doer (Der Weg eines Machers)*.

Die Übersetzerin

Anabelle Assaf, geboren 1986, studierte Angewandte Literaturwissenschaft in Berlin. Heute lebt sie als Übersetzerin aus dem Englischen und Französischen in Köln, wo sie außerdem als freie Lektorin und Literaturagentin tätig ist.

BooK Co

»Wer immer tut, was er schon kann, bleibt immer das, was er schon ist.«
Henry Ford

·DO·
AN~
PFLANZEN/
Fang an
mit zehn
einfachen
Gemüsesorten
Alice Holden

·DO·
IMKERN/
Das
Geheimnis
glücklicher
Honigbienen
Orren Fox

·DO·
EIN~
MACHEN/
Marmelade,
Chutney, Sirup
und eingelegtes
Gemüse
Anja Dunk, Jen Goss, Mimi Beaven

Alice Holden
Anpflanzen
Fang an mit
zehn einfachen
Gemüsesorten

Aus dem
Englischen von
Heide
Lutosch

Broschiert,
173 Seiten
ISBN 978-3-455-
00314-7
Tempo Verlag

Orren Fox
Imkern
Das Geheimnis
glücklicher
Honigbienen

Aus dem
Englischen von
Ursula Held und
Heide Lutosch

Broschiert,
142 Seiten
ISBN 978-3-455-
00315-4
Tempo Verlag

Anja Dunk,
Jen Goss,
Mimi Beaven
Einmachen
Marmelade,
Chutney, Sirup und
eingelegtes Gemüse

Aus dem Englischen
von Ursula Held

Broschiert,
174 Seiten
ISBN 978-3-455-
00347-5
Tempo Verlag